生活中的数学

有趣的形状

（法）纳塔莉·萨亚 （法）卡罗琳·莫德斯特 著 董翀翎 译

中国科学技术大学出版社

安徽省版权局著作权合同登记号：第 **12171692** 号

© Copyright 2017，Editions Circonflexe (for Une petite forme géométrique de rien du tout)
Simplified Chinese rights are arranged by Ye ZHANG Agency (www.ye-zhang.com)
本翻译版获得 Circonflexe 出版社授权，全球销售，版权所有，翻印必究。

图书在版编目(CIP)数据

有趣的形状/(法)纳塔莉·萨亚(Nathalie Sayac)，(法)卡罗琳·莫德斯特(Caroline Modeste)
著；董翀翎译. —合肥：中国科学技术大学出版社，2018.1
 (生活中的数学)
 ISBN 978-7-312-04311-6

 Ⅰ.有… Ⅱ.①纳… ②卡… ③董… Ⅲ.数学—儿童读物 Ⅳ.O1-49

中国版本图书馆 CIP 数据核字(2017)第 218596 号

出版	中国科学技术大学出版社
	安徽省合肥市金寨路 96 号，230026
	http://press.ustc.edu.cn
	https://zgkxjsdxcbs.tmall.com
印刷	鹤山雅图仕印刷有限公司
发行	中国科学技术大学出版社
经销	全国新华书店
开本	889 mm×1194 mm 1/24
印张	1.5
字数	28 千
版次	2018 年 1 月第 1 版
印次	2018 年 1 月第 1 次印刷
定价	32.00 元

莉亚和纳托
玩橡皮筋

今天，莉亚和纳托在活动课上玩橡皮筋。

"只有我们两个人，是没有办法做出漂亮的图形的。"纳托说。

"我们叫麦迪来吧，这样我们三个人就能组
成三角形了。"

　　"好啊！"莉亚说，"而且我们三个人想组
多少种三角形都可以。"

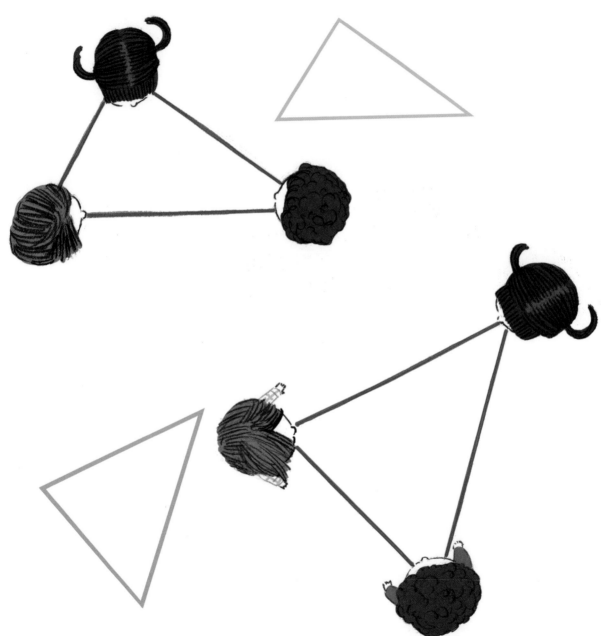

艾丽斯从旁边路过，她问莉亚、纳托和麦迪，可不可以跟他们一起玩。

"没问题，"莉亚说，"有四个人，我们就可以组成四边形了。"

"我们试试看让每条边的长度一样。"纳托说。

"我觉得这个四边形应该叫菱形。"莉亚说。

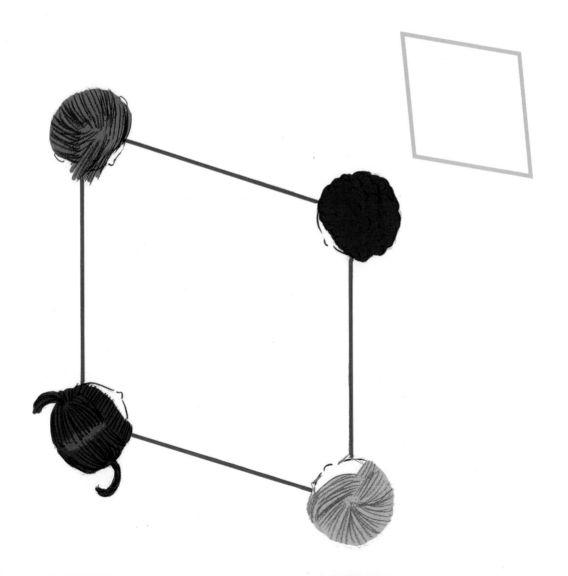

"如果我们弄得像院子里的地砖一样呢？这样会不会很好玩？"莉亚说。

　　"好呀，"纳托说，"如果我们四个人好好沿着线站，我们就可以组成长方形了。"

"我们还可以做好多个不同的长方形，"纳托说，"原理是，我们要好好地站成直角。"

"是呀，这样真有趣，"莉亚补充道，"我们可以做成细长的，也可以做成宽短的。"

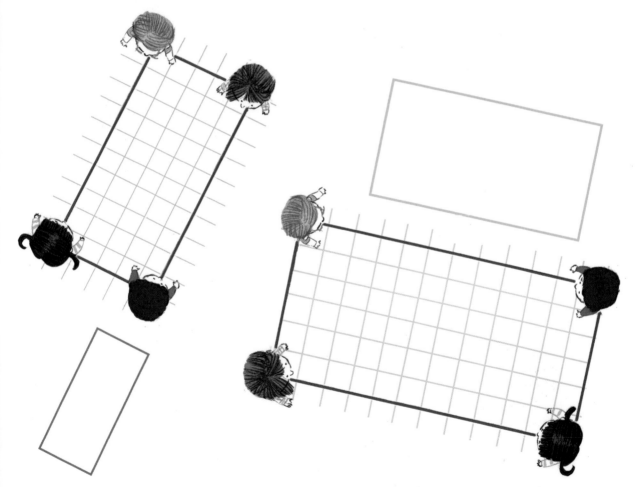

"还有，"莉亚说，"如果我们可以组成一个长方形，并且橡皮筋每条边一样长，那么我们就能做出一个正方形。"

"这真是最帅的四边形。"纳托说。

"是呀，但是最难弄了！"莉亚说。

　　班杜和萨米看到了四个小伙伴组成的好看的图形，就问他们能不能一起玩。

　　"那么，"纳托说，"五个人就能做成五边形了……"

13

　　"你真厉害，纳托，"莉亚说，"不过我们赶紧玩吧，马上到回教室的时间啦。"

　　最后，所有人都想来玩橡皮筋。

　　"好吧，"纳托说，"我也不知道这该叫什么了！！！"

莉亚和纳托
玩七巧板

这天下午，学校不上课，莉亚和纳托决定一起玩。

莉亚高兴地走进房间，手里还拿着什么东西。

"看看我的表哥给了我什么，"莉亚说，"一套七巧板。"

"这套七巧板由七块不同形状的小片组成，可以用它们拼出不同的东西。甚至还有一块的名字可逗了，如果我没记错的话，叫平行四边形，看！"莉亚给纳托看他们正在讨论的那一块图形。

"确实，"纳托说，"我从来没见过这种形状。它有四条边，但既不是菱形，又不是长方形，也不是正方形。"

"别担心，"莉亚说，"剩下的所有图形我们都认识！"

莉亚把七巧板的七块小片都拿出来摆在地毯上。

"你看，"她说，"有两块小三角形，一块中号三角形和两块大三角形。还有一块正方形。"

"是呀，"纳托说，"我认出来了，它有四条一样长的边，还有四个直角。我们可以说两块小三角形是一样的，并且两块大三角形也是一样的。"

"你说的对，"莉亚说，"我们把一块叠在另一块
上边的时候，可以看到两块是完全一样的。"

"我的表哥跟我说了件很奇怪的事情，"莉亚说，"似乎可以用三角形拼出正方形！"

"那我们试试吧，"纳托说，"把两块大三角形和两块小三角形给我！"

"还挺难的，因为不是随便怎么放都可以拼出来的，"纳托说，"不过我想我找到方法啦！"

"是的，"莉亚说，"我也想到了。应该把同样的三角形配对，把它们最长的边拼在一起。"

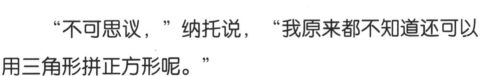

　　"不可思议，"纳托说，"我原来都不知道还可以用三角形拼正方形呢。"

　　"注意，我觉得不是所有的三角形都可以的，你看，如果我们把一块大的和一块小的或者中号的三角形拼在一起，就不行了。"

"看，这个真好玩，"莉亚说，"把两个小三角形的短边对在一起，我可以做出一个中号的三角形。"

"还有， 我用另一种方式把它们拼在一起，"纳托说，"我觉得我找到了你刚才给我看的那个奇怪的形状。叫什么来着？"

"平一行一四一边一形！"

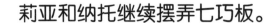

莉亚和纳托继续摆弄七巧板。

"如果我们用所有的板来构图呢？"纳托问。

"你说的对，"莉亚说，"而且我觉得这本来就是这个游戏的目的。"

莉亚拼了一条船。

纳托拼了一只猫。

当莉亚的表哥走进房间时，莉亚和纳托正在安静地玩七巧板。

"那么莉亚，七巧板的游戏你喜欢吗？"

"是的，非常喜欢，"莉亚说，"我们可以用这些小板组成各种各样的图形。"

"而我，"表哥说，"可以用这套七巧板拼出一个正方形。"

"太厉害啦！"莉亚和纳托异口同声地说。

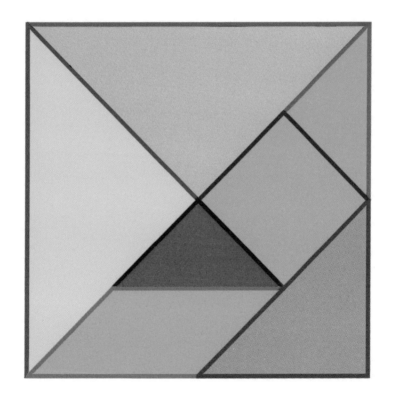

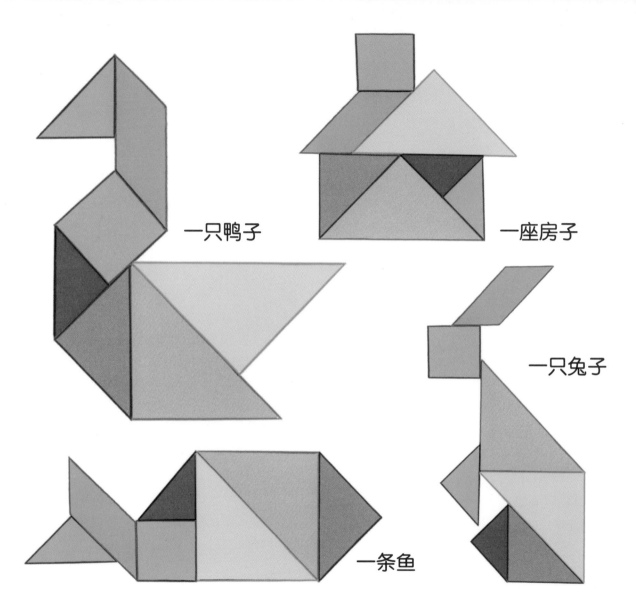

一只鸭子

一座房子

一只兔子

一条鱼

家长小贴示：你们很容易就可以从网上找到七巧板的样板并打印出来。这样你们就可以同孩子一起拼出很多图形，甚至还可以自我创新哦！